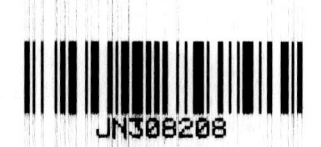

ポッケのおなか

mizuha

ぬきあし

さしあし

しのびあし

わッ!

contents

ポッケのブログ

だれか呼んだ？

ボク「ポッケ」。
毎日、遊んだり、食べたり、昼寝したり
けっこう忙しいんだ。

自分が猫だってこと、ときどき忘れそうになるけど
スコティッシュフォールドの血統を受け継いでいる
プライドは失ってない……つもり。

ボクのブログ『ポッケのおなか』は
なかなかの評判らしい（コホコホ）。
「気持ちが和む」って喜んでくれる人がいるみたい。
これは、ちょっとうれしい。

ポッケの日常

「考える猫」？

今日の水は、
いつもとひと味違うような……。
いや、そんなはずないか。

ABYSSINIAN
AMERICAN CURL

ふあ〜！ よく寝たぁ

えっ、笑い顔に見える？
これはアクビ顔。

ごはん?

ボクの似顔絵？

ごはん？ ごはんの時間なの？
ヨダレ？ なにこれ、もー！

お手入れ

清潔第一。念入りにペロペロ。
肉球もツメの間もピカピカ……。

足もきれいにして……っと。
もうすぐごはんだしね。

お風呂あがり

あー、さっぱりした。
小さい頃はお風呂がこわかったけど、
もうへーき。
「前は“メオ～ゥ!”って
大きな声で泣いてたのにね」

気になるなぁー

ボクも前髪(?)切ったほうがいいかな。

つい……

ティッシュの箱見ると、
わーっと出したくなっちゃうんだよね。

あれ!?
やっぱり、まずかった。

避難訓練

今日は避難訓練してるんだ。
お尻が出てる？ そんなはずないって!

ものぐさ

倒さないように、そ〜っと引き寄せて……と。
えっ、省エネだよ、省エネ。

くんくん

この匂い、もしや焼き魚！
もう焼けたかなー、うまそー。

スフィンクス

ボクがおすまししていると
この横顔、似てない？ どう？

今日はヒマだぁ

遊ぶ
ポッケ

テレビでも見よっかな。

すねすね

なんか面白いことない?

何してるの？

お仕事中……だよね。
忙しい……よね。

ちょっとだけ遊ぼーよ。

ワクワク

大好きなボールだ！
早く投げて投げて！

シュート!!

かくれんぼ

「も〜いいかい」「ま〜だだよ」

見つかっちゃった？

ポッケ、歌います

アッアー、オホン!
まずは発声練習から。

では、一曲。
ニャアアアアア♪

ストレッチ

びよ〜ん。
ほんとはこんなに長いんだゾ〜。

ウィィィ〜

デスクワークのあとは
腰を伸ばさないとね。

ポッケの
かぶりもの

ねずみ小僧

いや、“ねこ小僧”かな？
「ボクのカリカリ、
戸棚の奥に隠したってムダだよ!」

帽子？

画家風ベレー帽（実はアイスのフタ）。
「君、モデルになってみない」

ピコピコ。
宇宙と交信中ですが、ナニか？

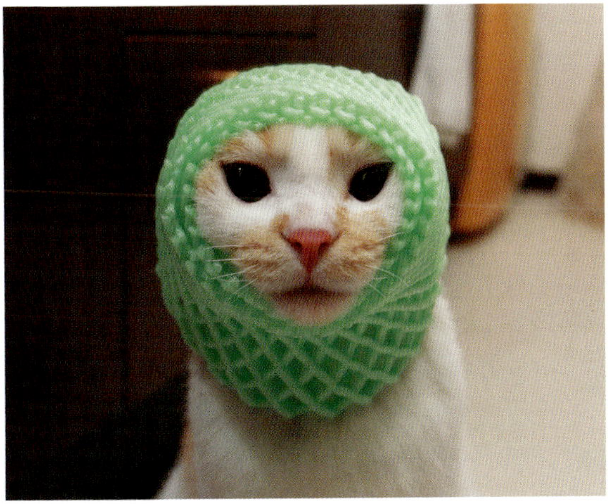

リンゴのネット帽子だよ。
っていうか、これ帽子？

氷袋に見えるって？
病気じゃないよ。ちょっと眠いだけ。

メガネ男子

ときどき、ハヤリとか気になるし。
（ホントは花粉症用メガネ?）

ポッケの
好きな場所

箱が好き

まったり日差しを浴びたり……。

獲物をねらって身を隠すにもGOOD!

紙袋も好き

なんか落ち着くんだよね。

ポッケの空

窓から大きな東京の空が見える。
空の色は青ばかりじゃないし、
雲の形もいつも違ってる。

ボクが空をぼんやりと眺めてると
雲がときどき話しかけてくる。
「今日ものんびり。風まかせさ」

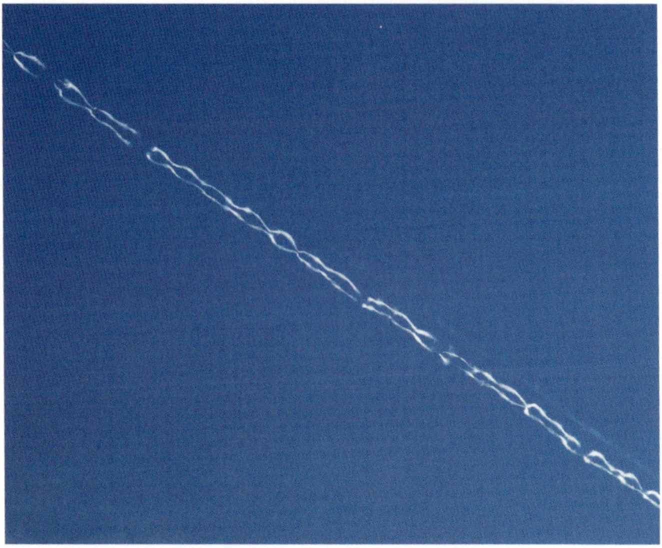

だれかが空にお絵かきしてる。

お〜い、雲。今日はどこまで行くの？

雲って、
いろんな形が
あるね。

ぷかぷか　ユラユラ　のんびり散歩。楽しそうだな。

夕日で赤くなった雲は、なんだか美味しそう。

眠るポッケ

ボクは、どこでもコロンと寝られる。
だれでも急に眠くなることあるよね。
まんぷくになって、
ぽかぽかあったかいともうダメ。
ねぞう？ 気にしない気にしない。
ムニャムニャ……。

ポッケの八面相

今日もトイレの砂を蹴散らしてやるぜ！
ウシャシャ

呼んだ？ 寝てたよ。

だから、やーだってば！

そこそこ、きもちい〜。

え〜、今じゃなきゃダメ？

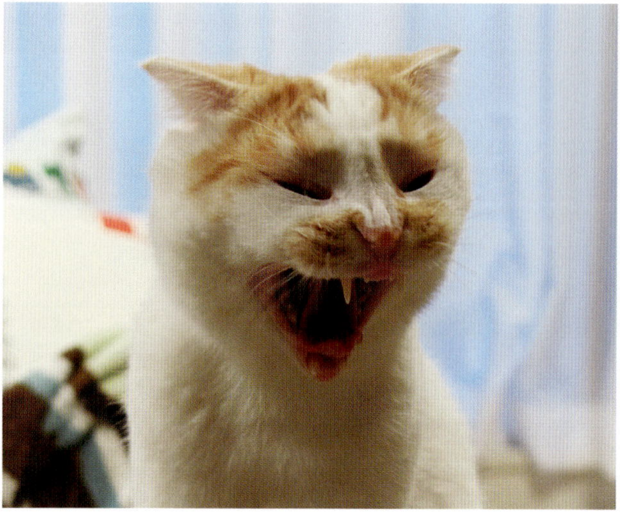

これ、まっず！

ムフフフフフ……。

ポッケの小さな冒険

わが家の安全と快適のため、
日々、家中をパトロール。
たくさんの「！」があって、
それはちょっとした冒険だよ。

amazon.co.jp

ちょっと、
休憩中

隅々まで
見なきゃ

ポッケの
お気に入りグッズ

穴から手足を出して
遊べるよ

これ全部
ボクの
おもちゃ

シャカシャカする
袋のおもちゃ。

飼い主が作ってくれたよ。寝心地バツグン！

一緒に遊ぶ？

ポッケ
2006年11月17日生まれ
スコティッシュフォールドのオス
『ポッケのおなか』
http://pokke.boo.jp/

ポッケのおなか

2010年 3 月15日　第 1 版発行

著　　者　mizuha
発 行 者　石井聖也
発 行 所　株式会社日本写真企画
〒104-0032
東京都中央区八丁堀 3-25-10
JR八丁堀ビル6F
TEL 03・3551・2643（代表）
FAX 03・3551・2370
振替 00120・3・38063
編　　集　黒部一夫
デ ザ イ ン　佐藤アキラ＋セント・ギャラリー
印刷・製本　図書印刷株式会社

2010　Printed in JAPAN
ISBN978-4-903485-40-9